LE

RÈGNE VÉGÉTAL

ATLAS ICONOGRAPHIQUE

FLORE MÉDICALE

USUELLE ET INDUSTRIELLE

DU XIXᵉ SIECLE

ATLAS ICONOGRAPHIQUE DU TOME TROISIEME

Paris. — Imp. BOURDIER, CAPIOMONT fils aîné et Cie, rue des Poitevins, 6.

FLORE
MÉDICALE

USUELLE ET INDUSTRIELLE

DU XIXe SIÈCLE

PAR MM.

<table>
<tr><td>O. REVEIL
docteur en médecine,
pharmacien en chef des hôpitaux,
professeur agrégé à la Faculté de médecine de Paris
et à l'École supérieure de pharmacie,
membre de plusieurs Sociétés savantes, etc.
(Pour la partie chimique, la matière médicale
et la thérapeutique)</td><td>A. DUPUIS
professeur d'histoire naturelle,
ancien professeur de botanique et de sylviculture
à l'Institut agronomique de Grignon,
membre de plusieurs Académies
et Sociétés savantes, etc.
(Pour la description, l'habitat et la culture
des plantes)</td></tr>
</table>

DONNANT

LA DESCRIPTION, LA CULTURE, LA COMPOSITION CHIMIQUE

LES PROPRIÉTÉS CURATIVES OU DANGEREUSES, LES USAGES ÉCONOMIQUES

ET INDUSTRIELS DES PLANTES

ATLAS ICONOGRAPHIQUE DU TOME TROISIÈME

ÉDITÉ PAR L. GUÉRIN

DÉPOT ET VENTE A LA

LIBRAIRIE THÉODORE MORGAND

RUE BONAPARTE, 5

Réserve de tous droits.

1867

PAREIRA BRAVA

Cissampelos pareira (Linné)

(MÉNISPERMÉES.)

———

L'arbrisseau entier, en fleurs et en fruits, au $\frac{1}{10}$ de grandeur naturelle.

1. — Fleur isolée, très-grossie.

2. — Fruit mûr, très-grossi.

3. — Graine isolée, très-grossie.

4. — Racine, coupée transversalement, réduite.

5. — Tronçon de racine sèche, réduit.

(Voir page 7.)

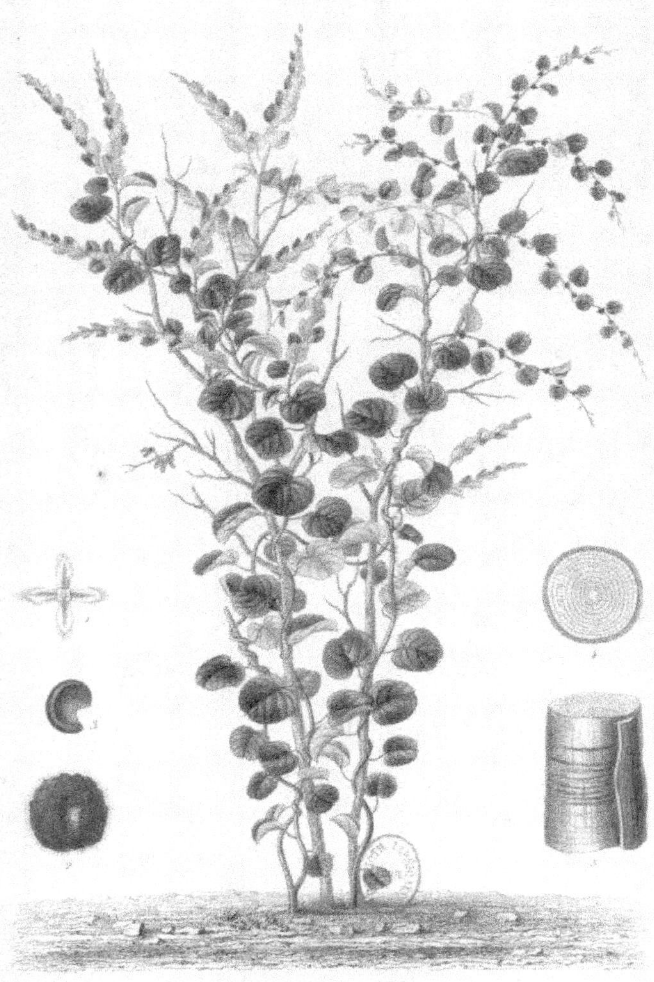

PAREIRA BRAVA.

PAVOT

Papaver somniferum (Linné)

(PAPAVÉRACÉES.)

———————

Plusieurs pieds de la plante, appartenant à des variétés distinctes, et montrant des fleurs et des fruits à divers degrés de développement, au $\frac{1}{2}$ de grandeur naturelle.

1. — Fruit mûr, au $\frac{1}{2}$ de grandeur naturelle.

2. — Le même, coupé transversalement.

3. — Graine isolée, très-grossie.

(Voir page 25.)

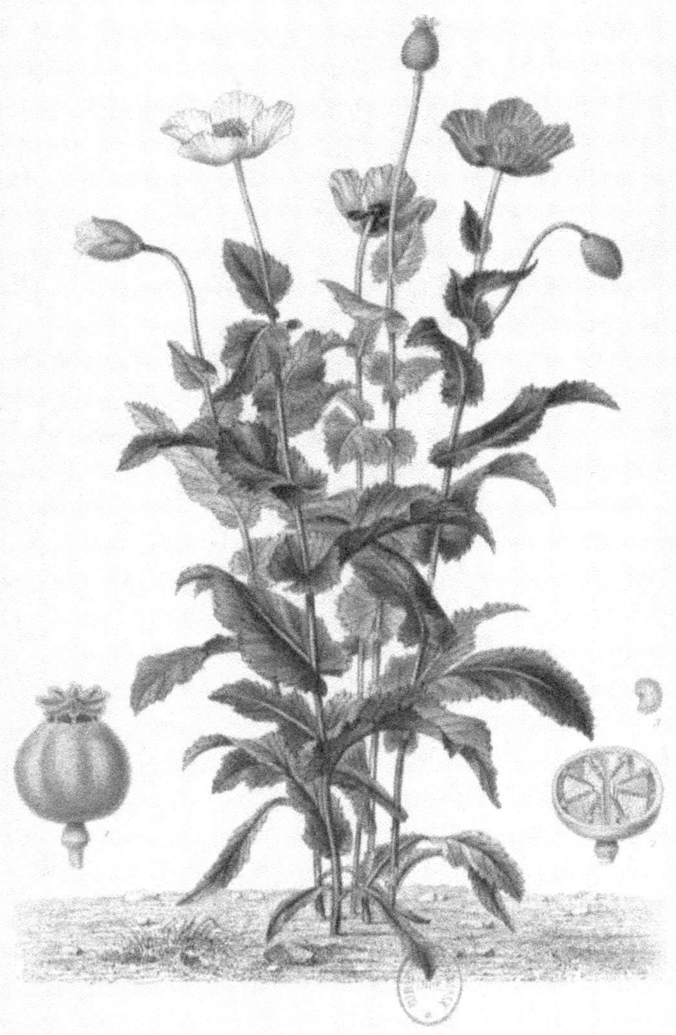

PAVOT SOMNIFÈRE.
Papaver somniferum. L.

PENSÉE SAUVAGE

Viola tricolor (Linné) *V. arvensis* (De Candolle)

(VIOLARIÉES.)

La plante entière, avec des fleurs et des fruits à divers degrés de développement, de grandeur naturelle.

(Voir page 40.)

PENSÉE SAUVAGE.
Viola tricolor. L.

PETITE PERVENCHE

Vinca minor (Linné)

(APOCYNÉES-PLUMÉRIÉES.)

———

La plante entière, avec des fleurs à divers degrés de développement,
au ¹/₃ de grandeur naturelle.

(Voir page 50.)

PETITE PERVENCHE
Vinca minor L.

PHYTOLAQUE

Phytolacca decandra (Linné)

(PHYTOLACCÉES.)

La plante entiére, en fleurs et en fruits, au $^1/_8$ de grandeur naturelle.

1. — Fleur isolée, épanouie, grossie deux fois.

2. — Fruit mûr, grossi deux fois.

3 — Le même, coupé transversalement.

4. — Graine isolée, trés-grosse.

(Voir page 66.)

PHYTOLAQUE.
Phytolacca decandra, L.

PIGAMON

Thalictrum flavum (Linné)

(RENONCULACÉES-ANÉMONÉES.)

La plante entière, montrant des fleurs à divers degrés de développement, au $^1/_3$ de grandeur naturelle.

1 — Fleur isolée, épanouie, de grandeur naturelle.

2. — Fruit mûr, de grandeur naturelle.

3. — L'un des carpelles isolé, grossi.

(Voir page 79.)

PIGAMON DES PRÉS.
Thalictrum flavum L.

PIVOINE OFFICINALE

Pæonia officinalis (Linné)

(RENONCULACÉES-PÆONIÉES.)

La plante entière, montrant des fleurs à divers degrés de développement, au ¹/₄ de grandeur naturelle.

(Voir page 87.)

PIVOINE OFFICINALE
Pæonia officinalis L.

PODOPHYLLE PELTÉ

Podophyllum peltatum (Linné)

(BERBÉRIDÉES.)

La plante entière, avec des fleurs à divers degrés de développement, au ¹/₃ de grandeur naturelle.

1. — Pistil isolé, de grandeur naturelle.

2. — Le même, coupé transversalement pour montrer l'insertion des ovules, grossi.

3. — Fruit mûr, moitié de grandeur naturelle.

4. — Graine isolée, grossie.

(Voir page 95.)

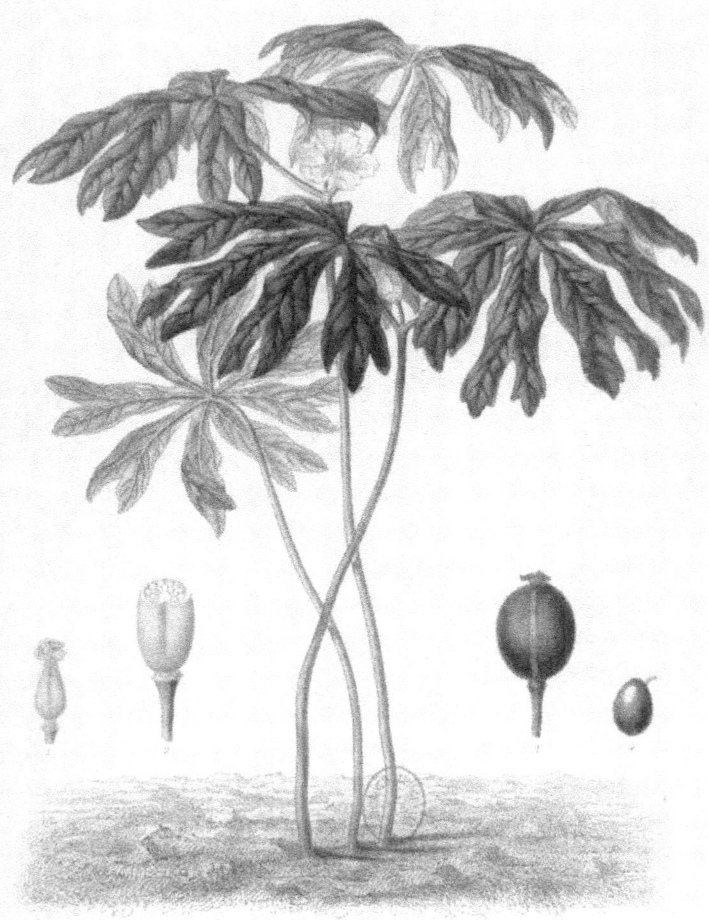

PODOPHYLLE PELTÉ,
Podophyllum peltatum. L.

POLYGALA

Polygala vulgaris (Linné)

(POLYGALÉES.)

La plante entière, en fleurs, de grandeur naturelle.

1. — Fleur isolée, grossie.

2. — La même, dépouillée de son calice et vue de profil.

3. — Fruit, accompagné du calice, grossi.

4. — Le même, dépouillé du calice, très-grossi.

5. — Le même, coupé transversalement.

6. — Graine, surmontée de sa caroncule, très-grossi.

7. — Racine, un peu réduite.

(Voir page 103.)

POLYGALA COMMUN.
Polygala vulgaris. L.

POMBALIE

Pombalia ipecacuana (Vandelli)

(VIOLARIÉES.)

La plante entière, en fleurs et en fruits, de grandeur naturelle.

1. — Fleur isolée, très-grossie.

2. — Pétales détachés et isolés, pour montrer leur disposition respective, très-grossis.

3 — Organes sexuels, très grossis.

4. — Fruit mûr, ouvert, et graines, grossis.

(Voir page 110.)

POMBALIE.

Pombalia Ipecacuanha Vand.

POPULAGE

Caltha palustris (Linné)

(RENONCULACÉES-HELLÉBORÉES.)

La plante entière, montrant des fleurs à divers degrés de dévolop-
pement, moitié de grandeur naturelle.

(Voir page 120.)

POPULAGE DES MARAIS
Caltha palustris L.

PRÊLE DES FLEUVES

Equisetum fluviatile (Smith)

(ÉQUISÉTACÉES.)

La plante entière, avec des tiges stériles et des tiges fertiles, en fleurs et en fruits, au $^1/_5$ de grandeur naturelle.

1. — Conceptacle et involucre, grossis.

2. — Conceptacles vus en dessus, grossis.

3. — Les mêmes, vus en dessous et entr'ouverts.

4. — Trois conceptacles ouverts, pour montrer les corps reproducteurs, très-grossis.

5. — Masses de corps reproducteurs, mûrs, très-grossis.

(Voir page 127.)

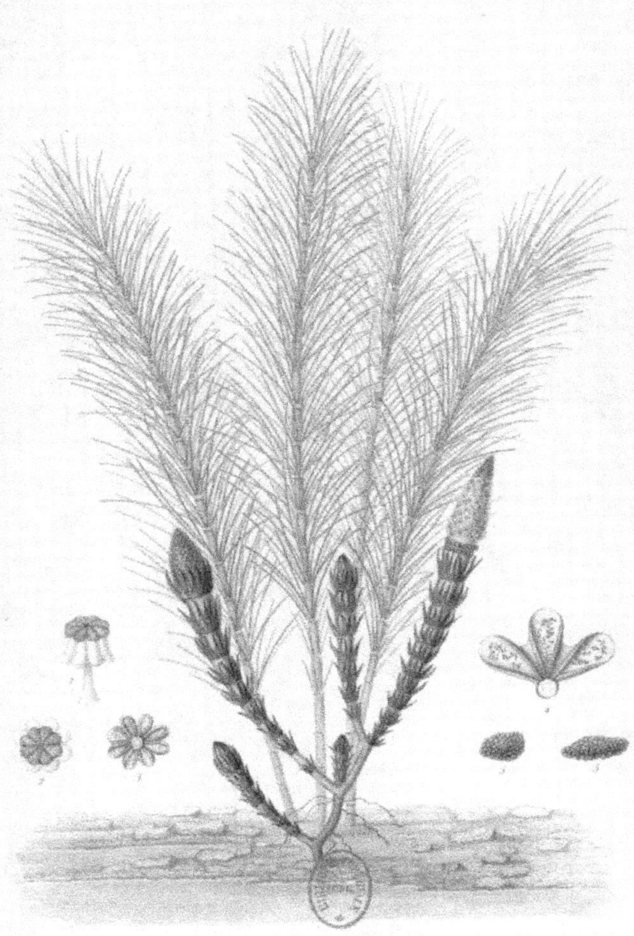

PRÊLE.

Equisetum fluviatile, Sm.

PULMONAIRE

Pulmonaria officinalis (Linné)

(BORRAGINÉES-BORRAGÉES.)

La plante entière, avec des fleurs à divers degrés de développement, de grandeur naturelle.

1. — Calice fructifère, de grandeur naturelle.

2. — Le même, coupé longitudinalement pour montrer les quatre akènes (fruit), de grandeur naturelle.

3. — Un des akènes, isolés, grossi

(Voir page 143.)

PULMONAIRE.
Pulmonaria vulgaris, Mer.

PULSATILLE

Anémone pulsatilla (Linné)

(RENONCULACÉES-ANÉMONÉES.)

La plante entière, montrant des fleurs à divers degrés de développement, de grandeur naturelle.

(Voir page 145.)

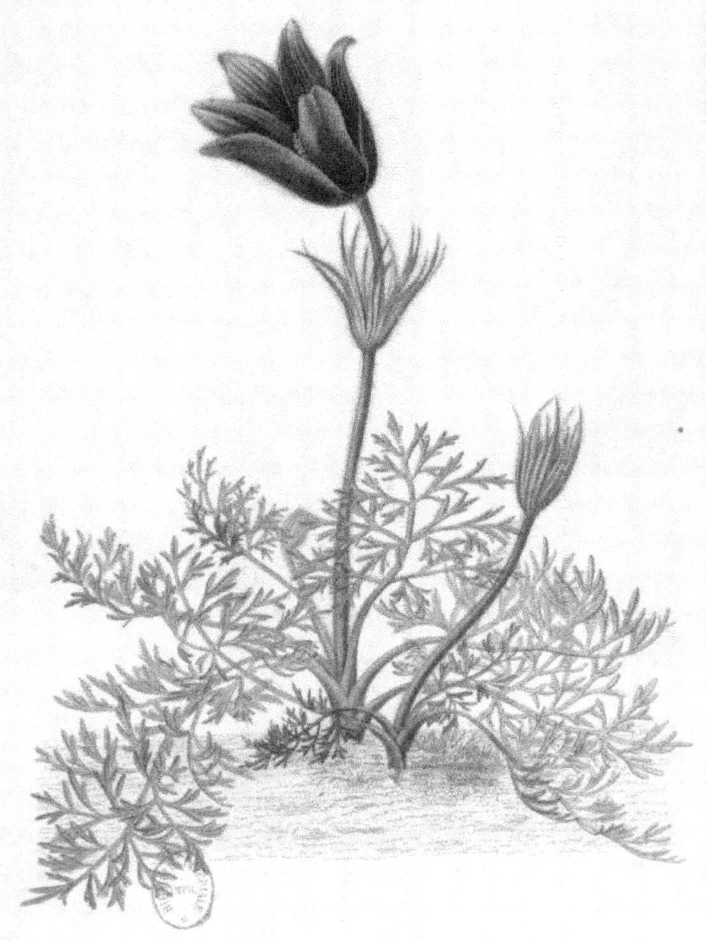

PULSATILLE.

Anemone pulsatilla L.

QUASSIE AMÈRE

Quassia amara (Linné)

(SIMAROUBÉES.)

L'arbrisseau entier, en fleurs, au $^1/_{15}$ de grandeur naturelle.

1 — Fleur isolée, de grandeur naturelle.

2 — Fruit mûr, de grandeur naturelle.

3. — Portion de racine, réduite.

(Voir page 154.)

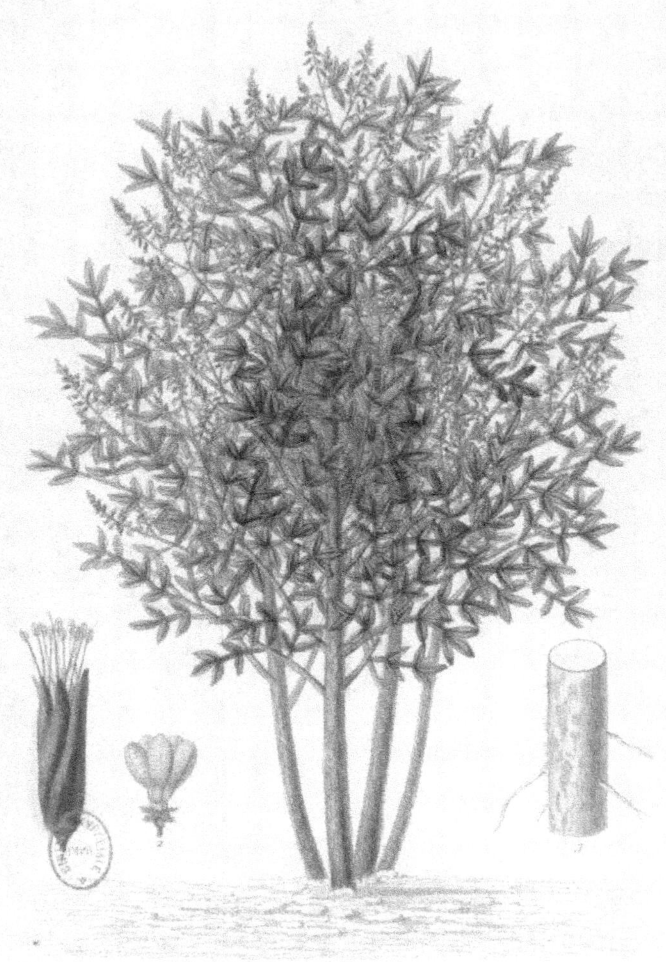

QUASSIE AMÈRE,
Quassia amara L.

Maubert pinx.

Hebert sc.

QUINQUINA GRIS

Cinchona Condaminea (Humboldt) C. officinalis (Linné)

(RUBIACÉES-CINCHONÉES.)

L'arbre entier, en fleurs, au $\frac{1}{30}$ de grandeur naturelle.

1. — Portion d'inflorescence, de grandeur naturelle.

2. — Fruit mûr, de grandeur naturelle.

3. — Le même, ouvert.

4. — Graines, de grandeur naturelle.

5. — Portion d'écorce, face interne, de grandeur naturelle.

6. — La même, face externe, de grandeur naturelle.

(Voir page 162.)

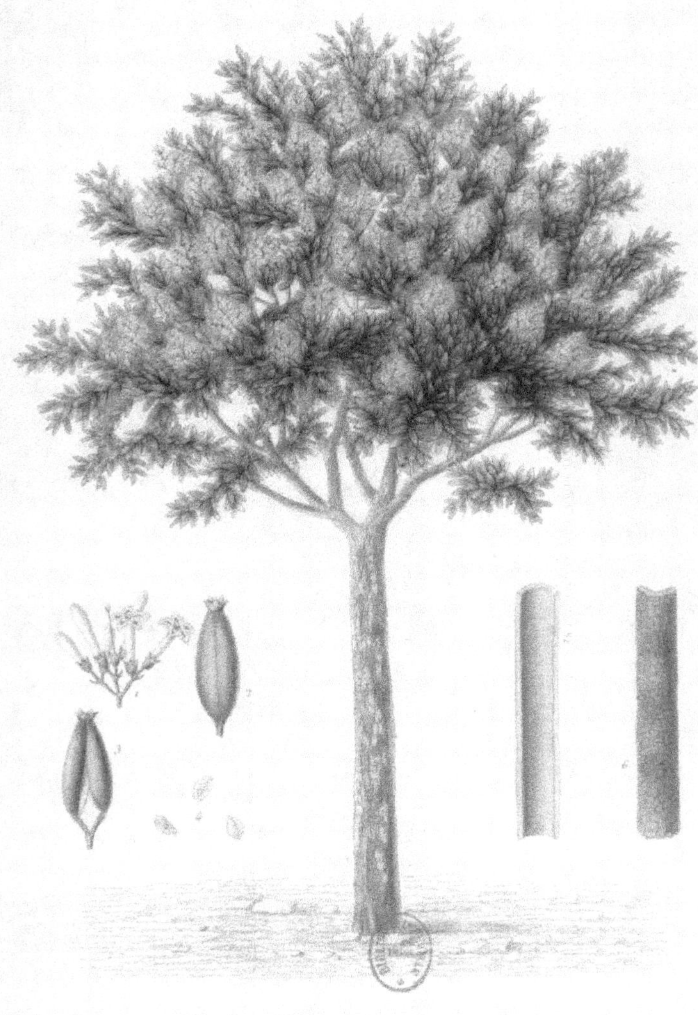

QUINQUINA GRIS.

Cinchona Condaminea, Humb.

QUINQUINA JAUNE

Cinchona Calisaya (Weddell)

(RUBIACÉES-CINCHONÉES.)

L'arbre entier, en fleurs, au $^1/_{40}$ de grandeur naturelle.

1. — Portion d'inflorescence, de grandeur naturelle.

2. — Fruit mûr, de grandeur naturelle.

3. — Graines, de grandeur naturelle.

4. — Portion d'écorce, réduite.

(Voir page 180.)

QUINQUINA JAUNE.
Cinchona Calisaya Wedd.

QUINQUINA ROUGE

Cinchona succirubra (Pavon)

(RUBIACÉES-CINCHONÉES.)

———

L'arbre entier, en fleurs, au $\frac{1}{20}$ de grandeur naturelle.

1. — Fleur isolée, de grandeur naturelle.

2. — Fruit mûr, de grandeur naturelle.

3. — Graines, de grandeur naturelle.

4. — Portion de jeune rameau.

5. — Portion d'écorce.

(Voir page 176.)

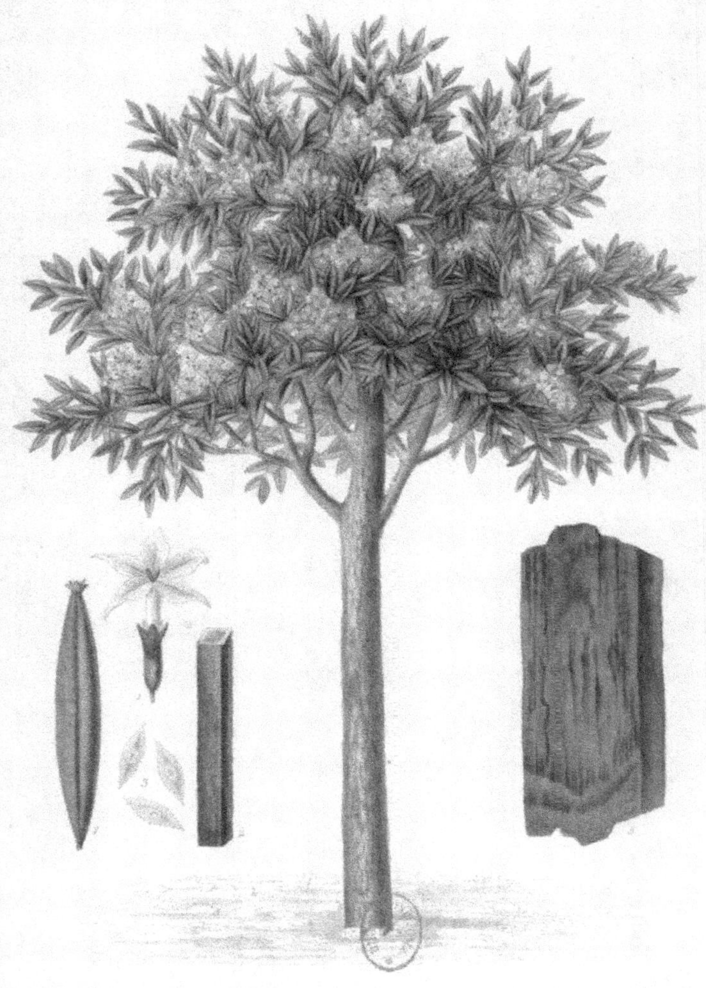

QUINQUINA ROUGE.
Cinchona succirubra, Pav.

RENONCULE BULBEUSE

Ranunculus bulbosus (Linné)

(RENONCULACÉES-RENONCULÉES.)

La plante entière, montrant des fleurs à divers degrés de développement, moitié de grandeur naturelle.

(Voir page 200.)

RENONCULE BULBEUSE.
Ranunculus bulbosus L.

RHUBARBE PALMÉE

Rheum palmatum (Linné)

(POLYGONÉES.)

La plante entière, en fleurs, au $^1/_{10}$ de grandeur naturelle.

1. — Portion d'inflorescence, de grandeur naturelle.

2. — Fleur isolée et étalée, très-grossie.

3. — Fruit mûr, de grandeur naturelle.

4. — Le même, coupé transversalement.

5. — Racine, réduite.

(Voir page 208.)

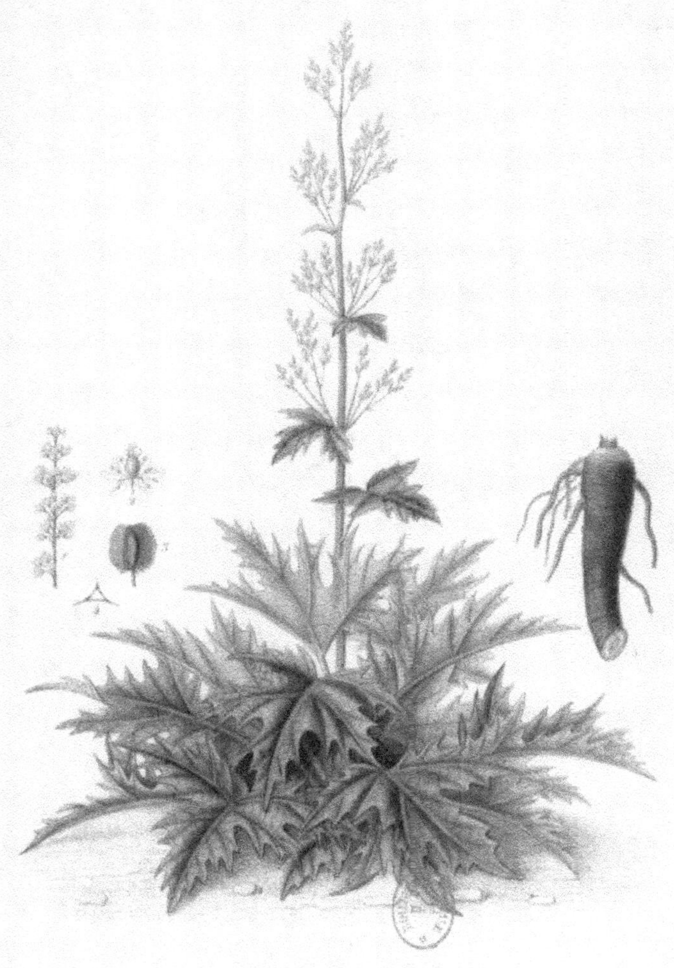

RHUBARBE PALMÉE.

Rheum palmatum L.

RICIN

Ricinus communis (Linné)

(EUPHORBIACÉES-CROTONÉES.)

———

La plante entière, en fleurs, au $\frac{1}{10}$ de grandeur naturelle.

1. — Inflorescence, moitié de grandeur naturelle.

2. — Fleur mâle, de grandeur naturelle.

3. — Fleur femelle, de grandeur naturelle.

4. — Fruit, de grandeur naturelle.

5 et 6. — Graine vue sur les deux faces, de grandeur naturelle.

7. — Graine de Ricin d'Amérique, grandeur naturelle.

(Voir page 214.)

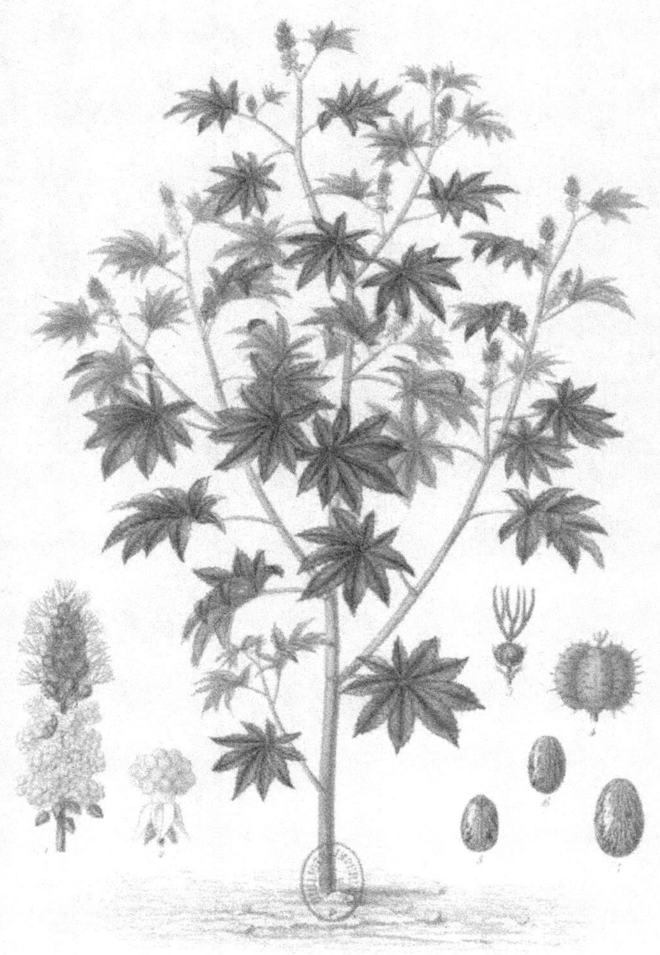

RICIN.
Ricinus communis, L.

Turpin pinx.   Dubar sc.

ROCOU

Bixa orellana (Linné)

(BIXACÉES.)

L'arbre entier, en fleurs, au $\frac{1}{40}$ de grandeur naturelle.

1. — Fleur isolée, épanouie, moitié de grandeur naturelle.

2. — La même, vue en dessous.

3. — Fruit mûr, entr'ouvert, moitié de grandeur naturelle.

4. — Graine entourée de sa pulpe, de grandeur naturelle.

5. — La même, à demi débarrassée de sa pulpe, de grandeur naturelle.

6. — La même, entièrement isolée, de grandeur naturelle.

(Voir page 224.)

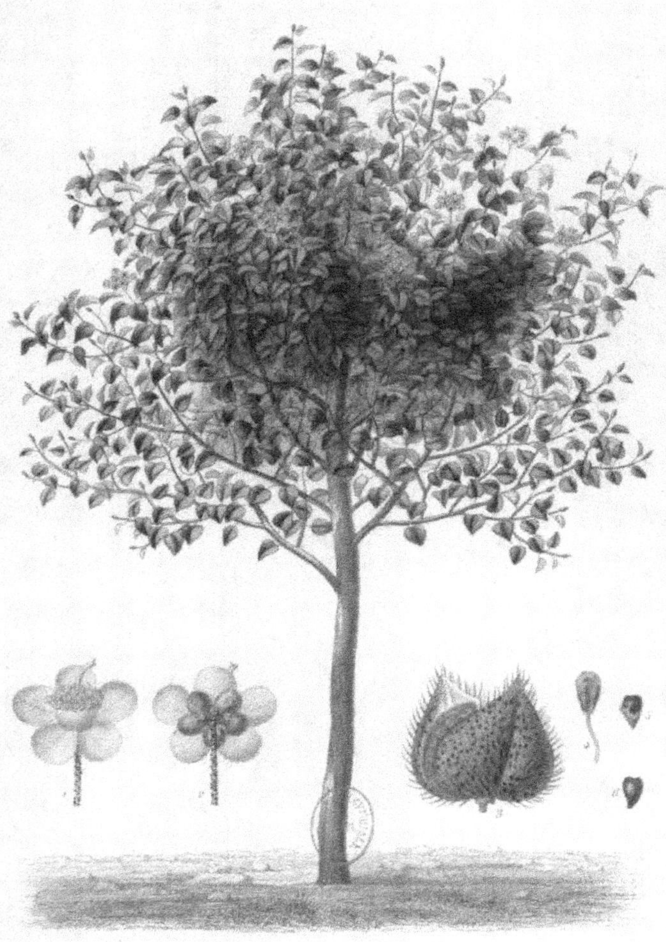

ROCOU À TEINTURE.
Bixa orellana L.

ROQUETTE

Eruca sativa (Lamarck) *Brassica eruca* (Linné)

(CRUCIFÈRES-BRASSIGÉES.)

La plante entière, montrant des fleurs à divers degrés de développement, au ¹/₃ de grandeur naturelle.

(Voir page 232.)

ROQUETTE CULTIVÉE

Eruca sativa. Lamk.

RUE OFFICINALE

Ruta graveolens (Linné)

(RUTACÉES.)

———

La plante entière, en fleurs et en fruits, au $\frac{1}{3}$ de grandeur naturelle.

1. — Fleur à quatre pétales et à huit étamines, de grandeur naturelle.

2. — Fleur à cinq pétales et à dix étamines, de grandeur naturelle.

3. — Fruit mûr, grossi.

4. — Graine isolée, très-grossie.

(Voir page 246.)

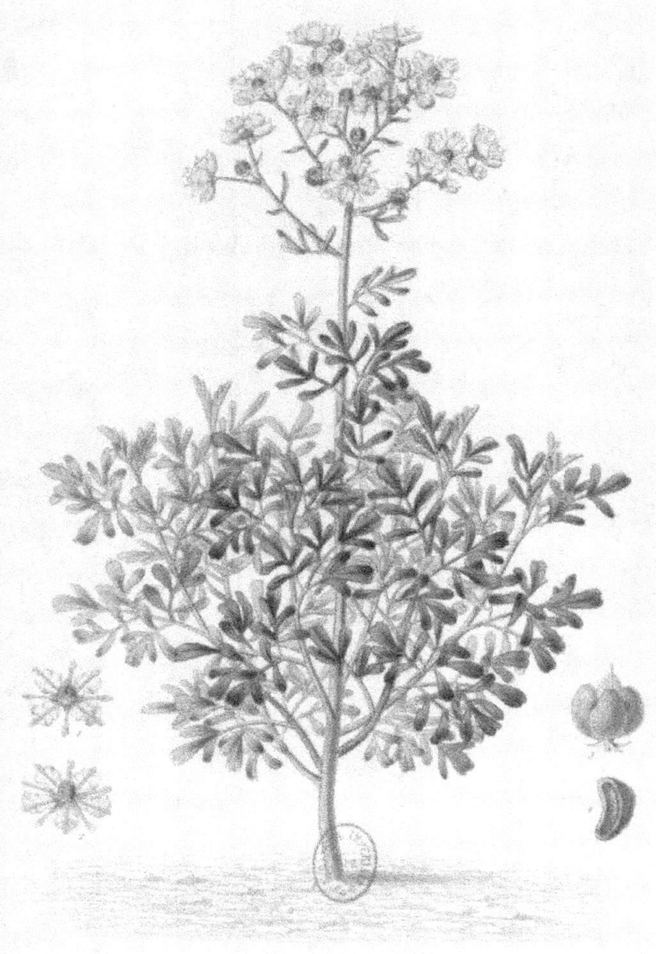

RUE OFFICINALE.
Ruta graveolens L.

SAFRAN

Crocus sativus (Linné)

(IRIDÉES.)

La plante entière, montrant des fleurs à divers degrés de développement, aux $^2/_3$ de grandeur naturelle.

1. — Stigmates secs (Safran du commerce), de grandeur naturelle.

2. — Bulbe et jeunes pousses, aux $^2/_3$ de grandeur naturelle.

(Voir page 251.)

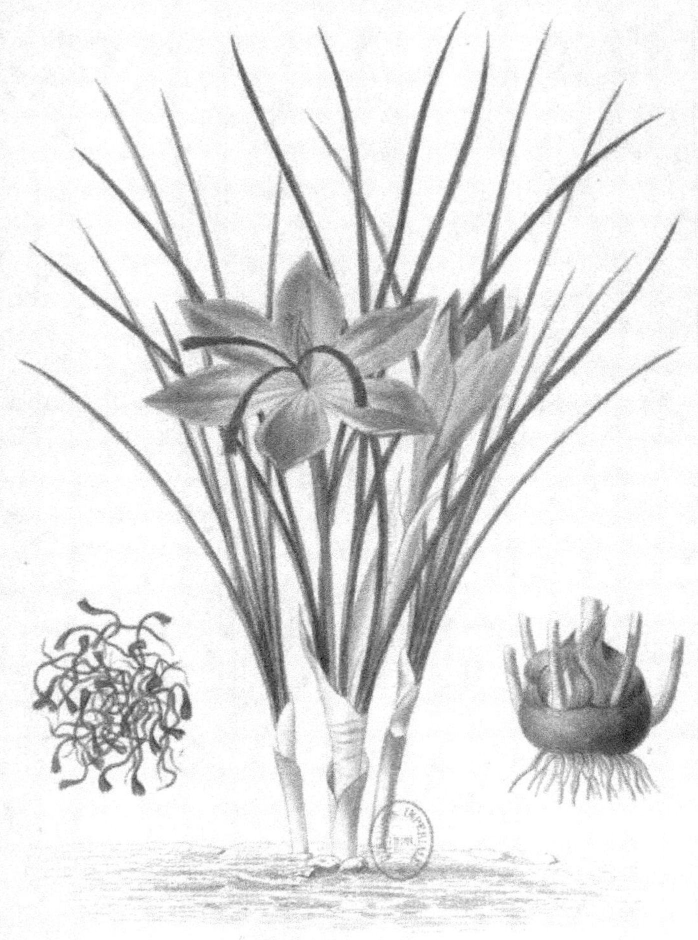

SAFRAN.

Crocus sativus. L.

SALSEPAREILLE

Smilax sarsaparilla. (Linné)

(LILIACÉES-ASPARAGÉES.)

L'arbrisseau entier, en fleurs, au $\frac{1}{10}$ de grandeur naturelle.

1. — Ombelle de fleurs mâles, aux $\frac{2}{3}$ de grandeur naturelle.

2 — Fleur mâle isolée, très-grossie.

3. — Ombelle de fleurs femelles, aux $\frac{2}{3}$ de grandeur naturelle.

4. — Fleur femelle isolée, très-grossie.

5. — Fruit mûr, de grandeur naturelle.

6. — Le même, coupé transversalement, pour montrer les graines.

(Voir page 257.)

SALSEPAREILLE.
Smilax Sarsaparilla.

SANGUINAIRE DU CANADA

Sanguinaria Canadensis (Linné)

(PAPAVÉRACÉES.)

Plusieurs pieds de la plante, montrant des feuilles et des fleurs à
divers degrés de développement, de grandeur naturelle.

1. — Fruit, coupé transversalement au tiers de sa longueur, pour
montrer l'insertion des graines, de grandeur naturelle.

2. — Graine isolée, très-grossie.

3. — Portion de racine, de grandeur naturelle.

(Voir page 263.)

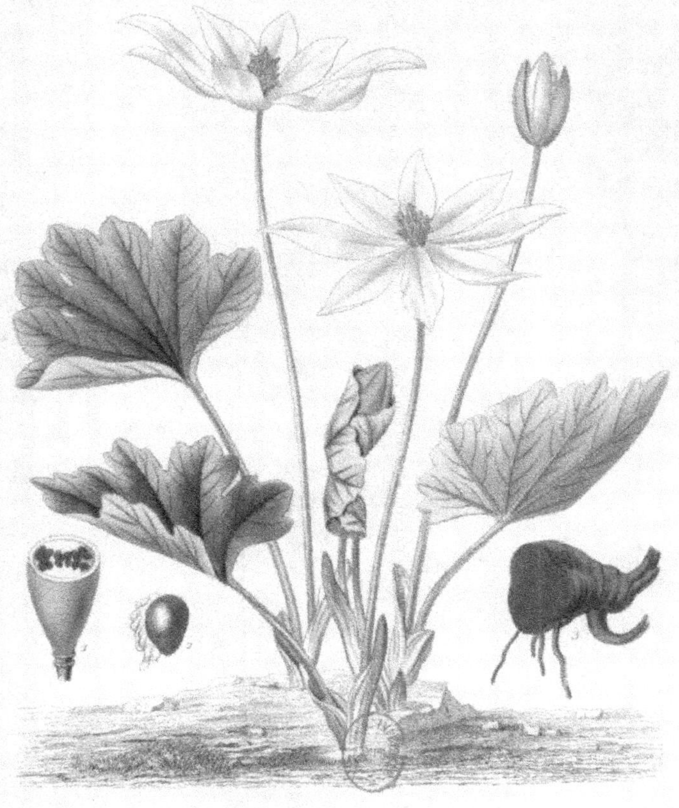

SANGUINAIRE DU CANADA.

Sanguinaria Canadensis. L.

Maubert pinx.   Leblanc sculp.

SAPONAIRE OFFICINALE

Saponaria officinalis (Linné)

(CARYOPHYLLÉES-DIANTHÉES.)

La plante entière, avec des fleurs à divers degrés de développement, au $^1/_4$ de grandeur naturelle.

1. — Fruit mûr et entr'ouvert, grossi.

2. — Graine mûre, très-grossie.

3. — Racine, réduite.

(Voir page 273.)

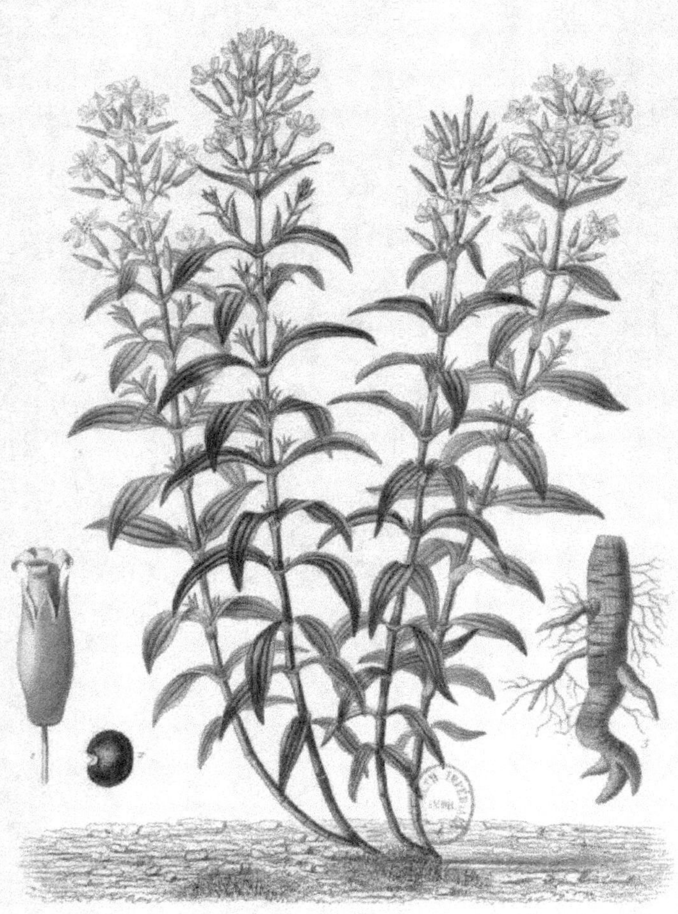

SAPONAIRE OFFICINALE
Saponaria officinalis Lin.

SARRACÉNIE POURPRE

Sarracenia purpurea (Linné)

(SARRACÉNIÉES.)

La plante entière, en fleurs, avec des feuilles à divers degrés de développement, aux $^2/_3$ de grandeur naturelle.

(Voir page 278.)

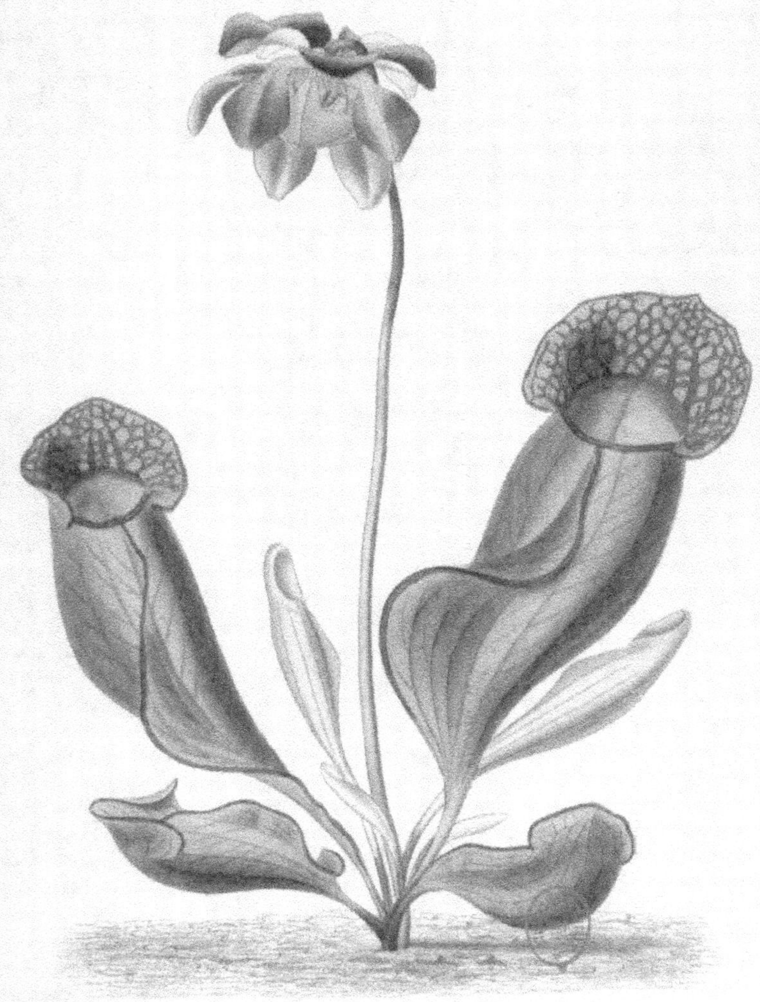

SARRACÉNIE POURPRE.

SAUGE SCLARÉE

Salvia sclarea (Linné)

(LABIÉES-MONARDÉES.)

La plante entière, au ⅓ de grandeur naturelle, montrant les bractées colorées.

1. — Fleur isolée, de grandeur naturelle.

2. — Fruit mûr, entouré par le calice persistant, de grandeur naturelle.

(Voir page 284.)

SAUGE SCLARÉE.
Salvia Sclarea. L.

SCAMMONÉE D'ALEP

Convolvulus Scammonia (Linné)

(CONVOLVULACÉES-CONVOLVULÉES.)

La plante entière, montrant des fleurs à divers degrés de développement, au $^1/_{10}$ de grandeur naturelle.

1. — Fleur isolée, aux $^2/_3$ de grandeur naturelle.

2. — Calice, de grandeur naturelle.

3. — Fruit mûr, de grandeur naturelle.

4. — Graine isolée, de grandeur naturelle.

5. — Racine, très-réduite.

(Voir page 296.)

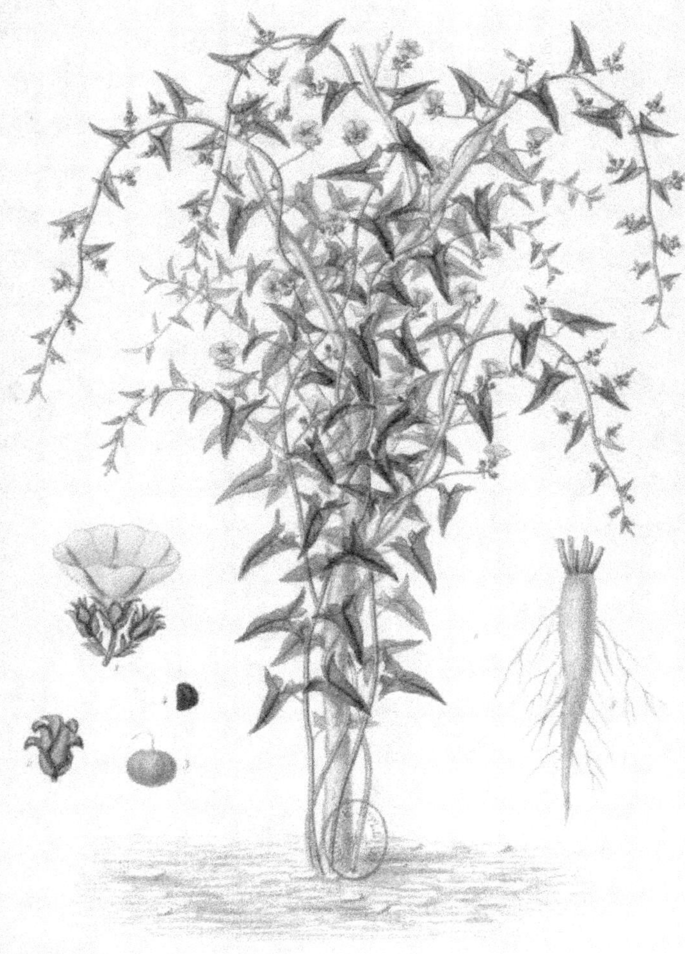

SCAMMONÉE.

Convolvulus Scammonia. L.

SCROFULAIRE NOUEUSE

Scrofularia nodosa (Linné)

(PERSONÉES-SCROPHULARIÉES.)

La plante entière, avec des fleurs et des fruits à divers degrés de développement, aux $^2/_3$ de grandeur naturelle.

1. — Fleur isolée, grossie.

2. — Fruit, grossi.

3. — Graine, très-grossie.

4. — Racine, réduite.

(Voir page 306.)

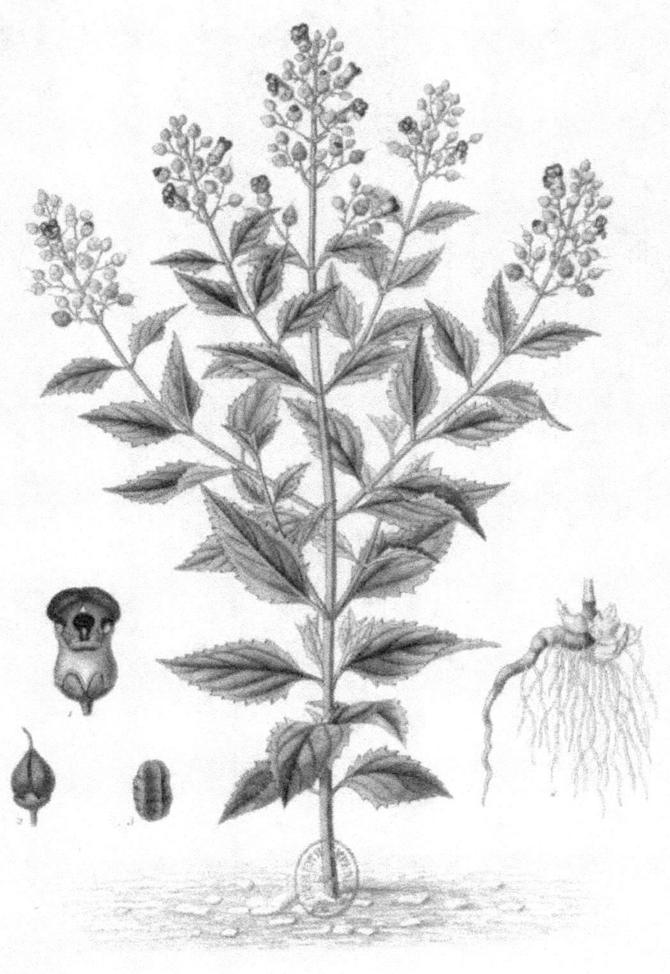

SCROFULAIRE NOUEUSE

Scrofularia nodosa. L.

SÉNÉ A FEUILLES AIGUËS

Cassia acutifolia (Delile) *Senna Alexandrina* (Bauhin)

(LÉGUMINEUSES-CÉSALPINIÉES.)

L'arbrisseau entier, avec des fleurs à divers degrés de développement, au $^1/_5$ de grandeur naturelle.

1. — Foliole isolée, de grandeur naturelle.

2. — Fleur isolée, au $^2/_3$ de grandeur naturelle.

3. — Fruit (*follicule*), au $^2/_3$ de grandeur naturelle.

4. — Graine isolée, de grandeur naturelle.

5. — La même, coupée transversalement.

(Voir page 312.)

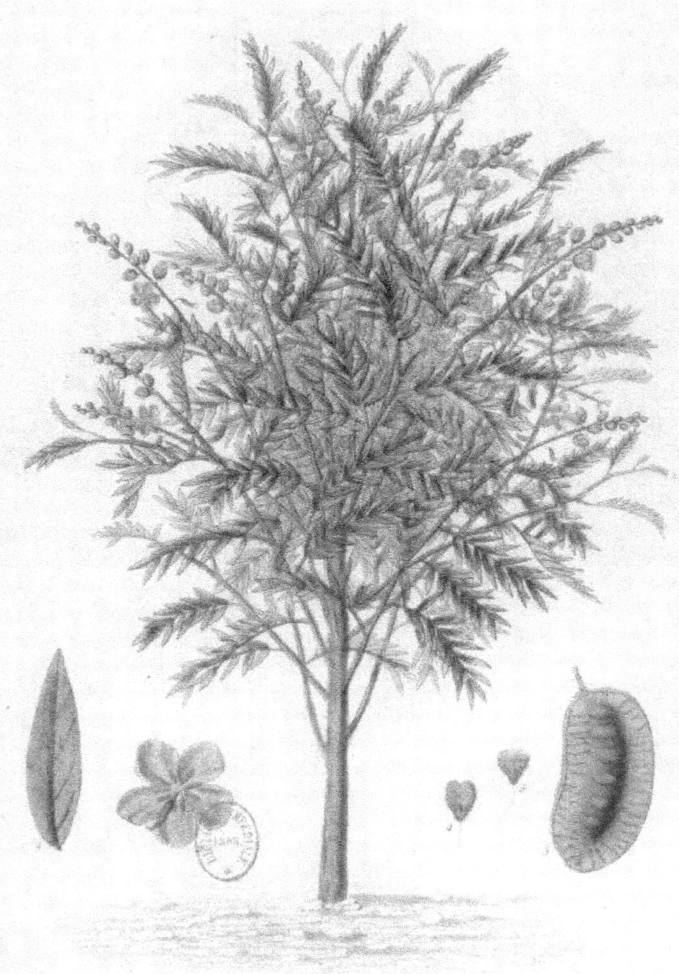

SÉNÉ A FEUILLES AIGUËS.

Cassia acutifolia. L.

SÉNEGA

Polygala Senega (Linné)

(POLYGALÉES.)

La plante entière, avec des fleurs à divers degrés de développement, moitié de grandeur naturelle.

1. — Une fleur isolée, très-grossie.

2. — Fruit mûr, très-grossi.

3 — Graine très-grossie, vue de profil.

4. — La même, vue de face.

5. — Racine, réduite.

(Voir page 319.)

SÉNÉGA

Polygala senega. L

SILÈNE RENFLÉ

Silene inflata (Smith) *Cucubalus behen* (Linné)

(CARYOPHYLLÉES-DIANTHÉES.)

———

La plante entière, montrant des fleurs et des fruits à divers degrés
de développement, moitié de grandeur naturelle.

(Voir page 322.)

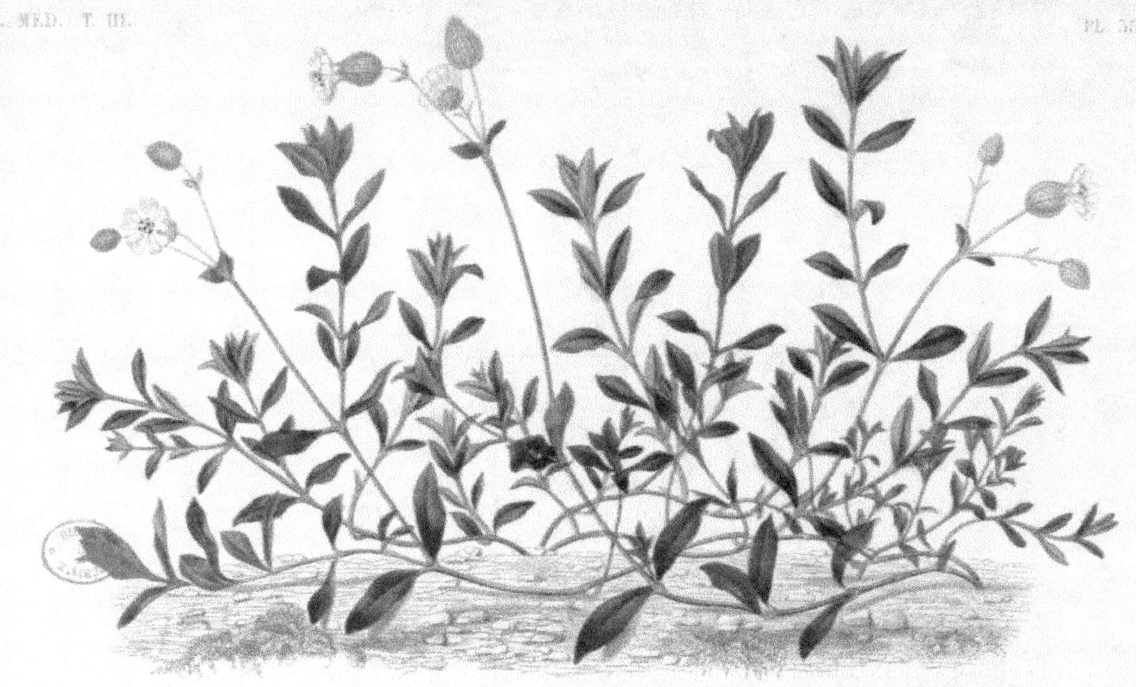

SILÈNE ENFLÉ.
Silene inflata, Sm.

SISYMBRE SOPHIE

Sisymbrium Sophia (Linné)

(CRUCIFÈRES-SISYMBRIÉES.)

La plante entière, en fleurs et en fruits, au $\frac{1}{2}$ de grandeur naturelle.

1. — Fleur isolée, dont le dernier sépale se détache, très-grossie.

2. — Fruit mûr, s'entr'ouvrant, de grandeur naturelle.

3. — Le même, coupé transversalement, très-grossi.

4. — Graine isolée, très-grossie.

(Voir page 328.)

SISYMBRE PARVIFLORE
Sisymbrium sophia. L.

SPIGÉLIE DU MARYLAND

Spigelia Marylandica (Linné)

(LOGANIACÉES-SPIGÉLIÉES.)

———

La plante entiére, avec des fleurs à divers degrés de développement,
au $^2/_5$ de grandeur naturelle.

(Voir page 336.)

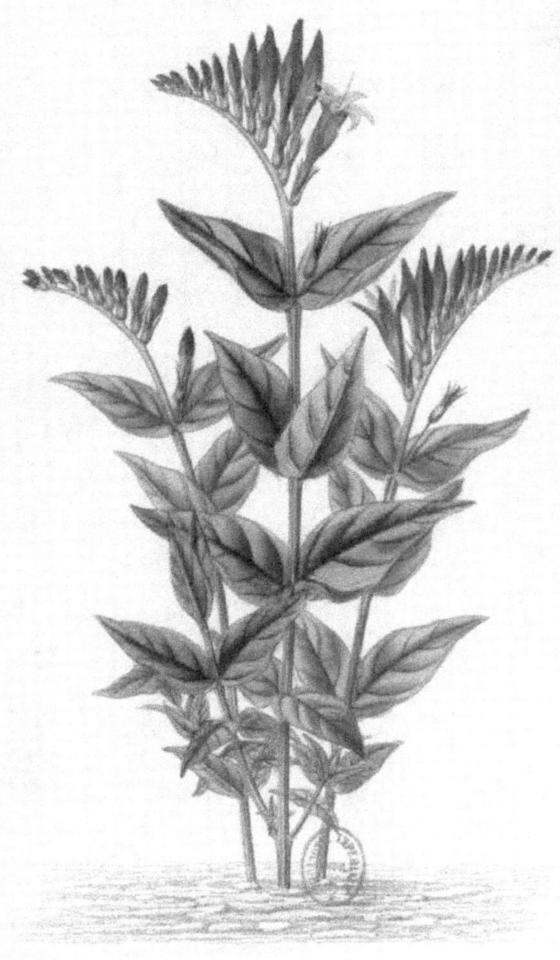

SPIGÉLIE DU MARYLAND,

Spigelia Marylandica. L.

STAPHISAIGRE

Delphinium Staphisagria (Linné)

(RENONCULACÉES-HELLÉBORÉES.)

La plante entière, montrant des fleurs et des fruits à divers degrés de développement, au $^1/_4$ de grandeur naturelle.

1. — Trois follicules ou fruits, de grandeur naturelle.

2. et 3. — Graines, de grandeur naturelle.

(Voir page 343.)

STAPHISAIGRE.

Delphinium Staphisagria L.

STRAMOINE

Datura Stramonium (Linné)

(SOLANÉES.)

La plante entiére, avec des fleurs et des fruits à divers degrés de développement, au $^1/_6$ de grandeur naturelle.

1. — Fruit, au $^2/_3$ de grandeur naturelle.

2. — Le même, coupé transversalement au milieu de sa longueur, pour montrer l'insertion des graines.

3. — Le même, coupé transversalement près du sommet.

4. — Graine isolée, grossie.

(Voir page 348.)

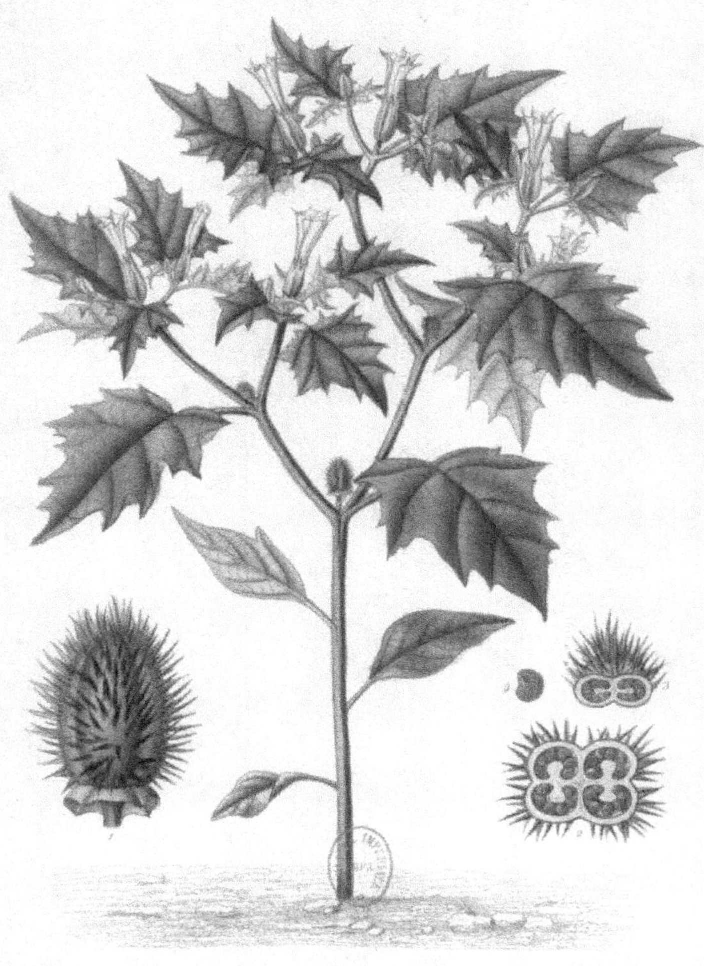

STRAMOINE.

Datura Stramonium, L.

SURELLE

Oxalis Acetosella (Linné)

(OXALIDÉES.)

———

La plante entière, de grandeur naturelle, montrant des fleurs à divers degrés de développement.

1. — Fruit, grossi, enveloppé à la base par le calice persistant.

2. — Graine, à demi dégagée de l'épicarpe, grossie.

3. — La même, entièrement isolée.

(Voir page 366.)

SURELLE ACIDE

Oxalis Acetosella. L.

TAMARINIER

Tamarindus Indica (Linné)

(LÉGUMINEUSES-CÉSALPINIÉES.)

———

L'arbre entier, en fleurs et en fruits, au $^1/_{30}$ de grandeur naturelle.

1. — Fleur isolée, épanouie, de grandeur naturelle.

2. — Fruit mûr, moitié de grandeur naturelle.

3. — Le même, dépouillé en partie de ses enveloppes, pour montrer la pulpe dans laquelle sont logées les graines.

4. — Graine vue de face, de grandeur naturelle.

5 — La même, vue de profil.

6. — La même, coupée transversalement.

(Voir page 380.)

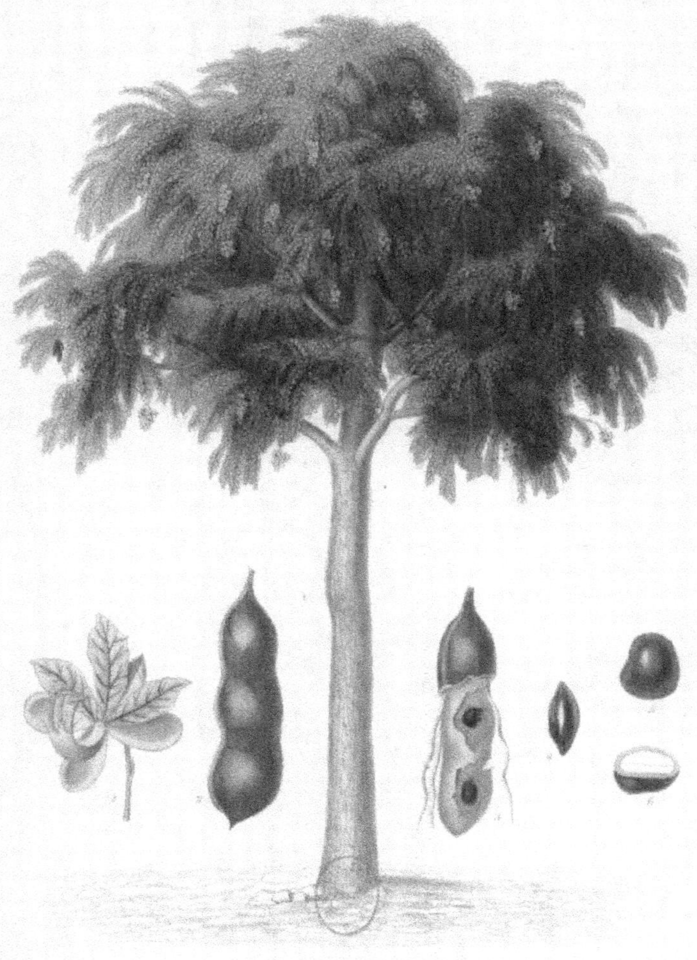

TAMARINIER,
Tamarindus Indica, L.

TÉRÉBINTHE

Pistacia Terebinthus (Linné)

(TÉRÉBINTHACÉES-PISTACIÉES.)

L'arbre entier, en fleurs, au $\frac{1}{18}$ de grandeur naturelle.

1. — Portion d'inflorescence mâle, de grandeur naturelle.

2. — Fleur mâle, très-grossie.

3. — Portion d'inflorescence femelle, de grandeur naturelle.

4. — Fleur femelle, très-grossie.

5 — Portion de grappe de fruits, de grandeur naturelle.

6 — Graine, de grandeur naturelle.

(Voir page 390.)

TÉRÉBINTHE,

Pistacia Terebinthus, L.

THÉ VERT

Thea Sinensis (Richard)

(THÉACÉES.)

L'arbre entier, en fleurs et en fruits, au $^1/_{12}$ de grandeur naturelle.

1. — Fleur isolée, aux $^2/_3$ de grandeur naturelle.

2. — Fruit mûr, aux $^2/_3$ de grandeur naturelle.

3. — Graine isolée, vue de face, aux $^2/_3$ de grandeur naturelle.

4. — La même, vue de profil.

(Voir page 394.)

THÉ.

Thea Sinensis. Rich.

TROLLIE D'EUROPE

Trollius Europæus (Linné)

(RENONCULACÉES-HELLÉBORÉES.)

———

La plante entière, en fleur, moitié de grandeur naturelle.

(Voir page 417.)

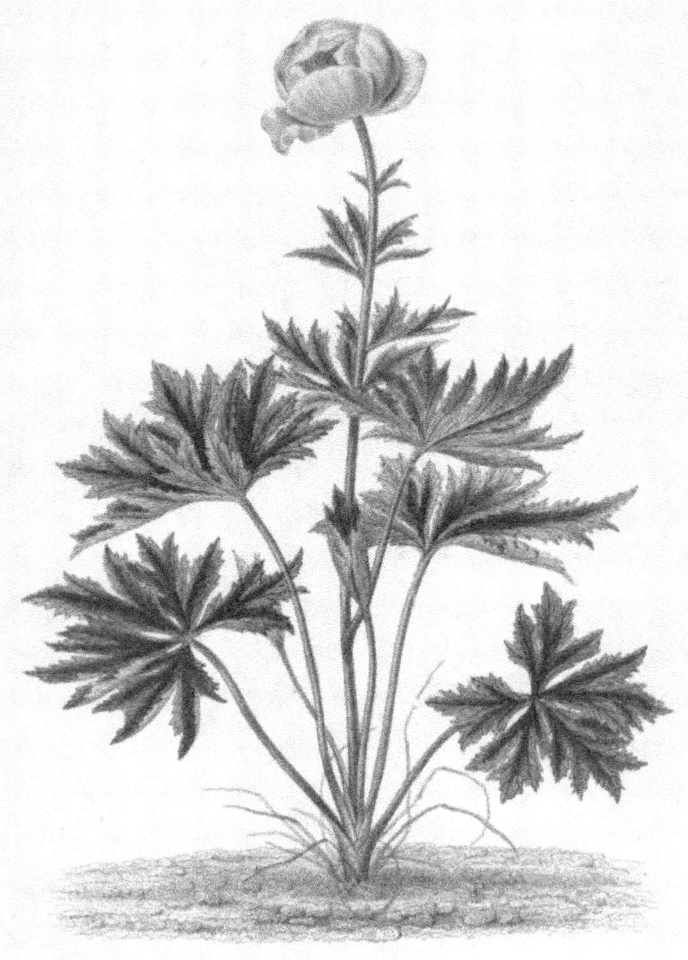

TROLLIE D'EUROPE.
Trollius Europæus. L.

TULIPIER DE VIRGINIE

Liriodendron Tulipifera (Linné)

(MAGNOLIACÉES—MAGNOLIÉES.)

L'arbre entier, en fleurs, au $^1/_{40}$ de grandeur naturelle.

1. — Fleur épanouie, moitié de grandeur naturelle
2. — Fruit mûr, moitié de grandeur naturelle.
3. — Une graine isolée, de grandeur naturelle.
4. — Portion de racine, réduite.

(Voir page 418.)

TULIPIER DE VIRGINIE.
Liriodendron tulipifera.

ULMAIRE

Spiræa Ulmaria (Linné)

(ROSACÉES—SPIRÉÉES.)

———

La plante entière, avec des fleurs à divers degrés de développement,
au $^1/_3$ de grandeur naturelle.

1. — Fleur isolée, grossie trois fois.

2. — Fruit, grossi cinq fois.

3. — L'un des carpelles isolé, grossi cinq fois.

4. — Racine, très-réduite.

(Voir page 424.)

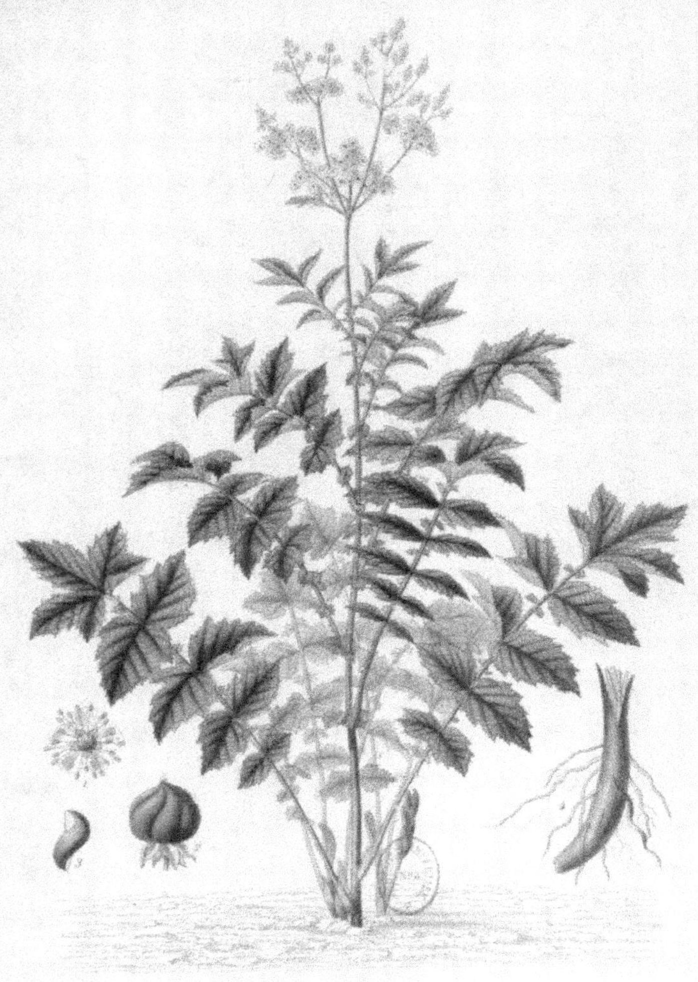

ULMAIRE.

Spiræa Ulmaria. L.

VALÈRIANE

Valeriana officinalis (Linné)

(VALÉRIANÉES.)

La plante entière, en fleurs, au ⅓ de grandeur naturelle.

1. — Fleur isolée, grossie.

2. — Fruit mûr, surmonté de son aigrette, grossi.

3. — Graine isolée, grossie.

4. — Racines, réduites.

(Voir page 432.)

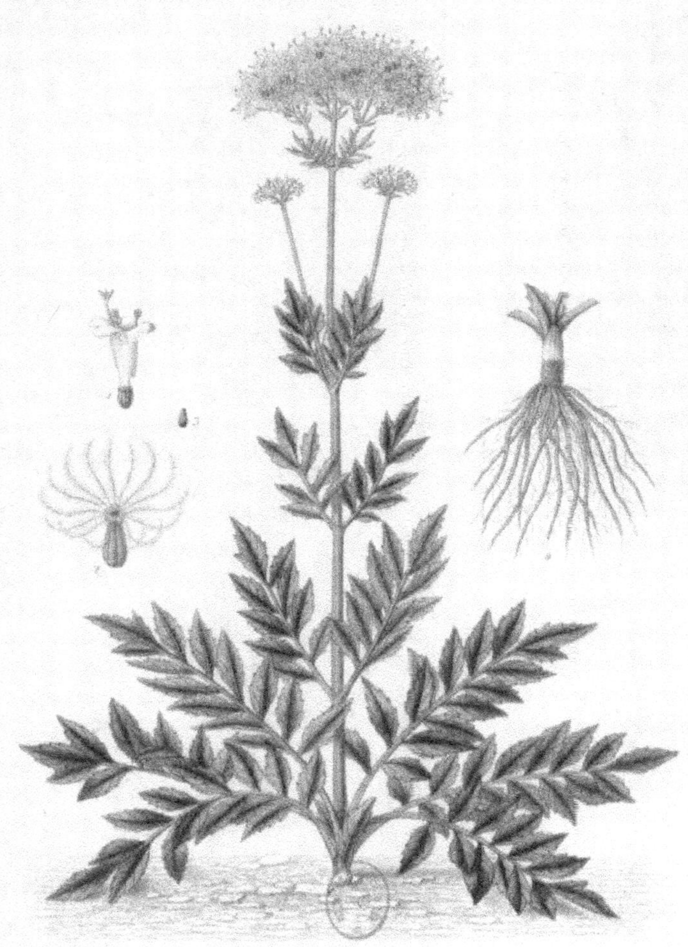

VALÉRIANE.

Valeriana officinalis. L.

VÉLAR OFFICINAL

Erysimum officinale (Linné)

(CRUCIFÈRES-SISYMBRIÉES.)

La plante entiére, en fleurs, au $\frac{1}{4}$ de grandeur naturelle.

1. — Une fleur isolée, très-grossie.

2. — Fruit mûr, grossi.

3. — Le même, coupé transversalement.

4. — Graine isolée, très-grossie.

(Voir page 447.)

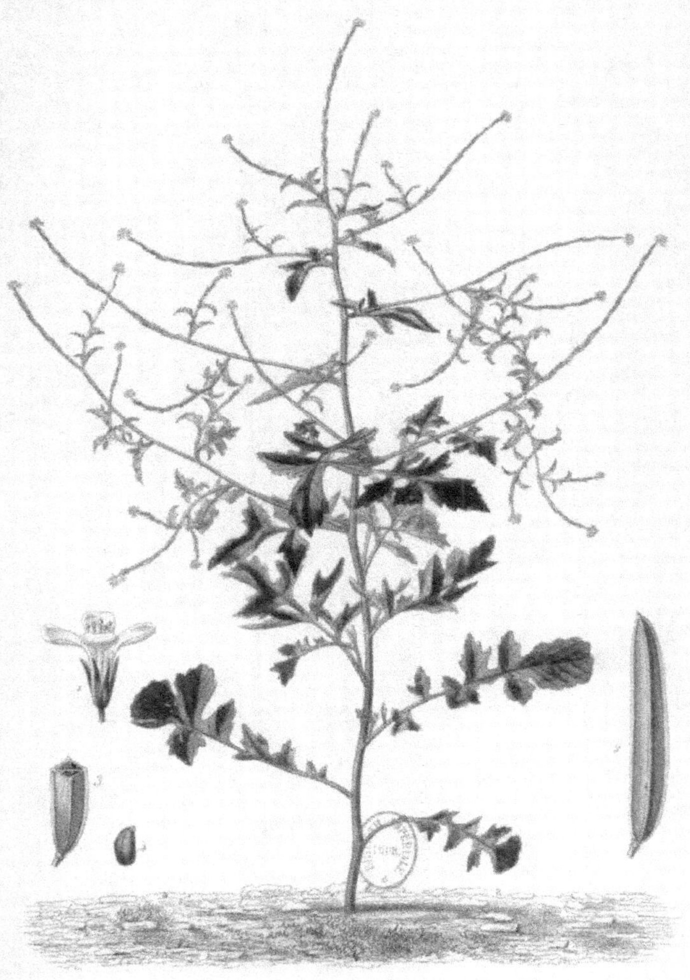

VÉLAR.

Erysimum officinale L.

VIOLETTE ODORANTE

Viola odorata (Linné)

(VIOLARIÉES).

La plante entière, avec des fleurs à divers degrés de développement, et munie de ses stolons, au $^2/_3$ de grandeur naturelle.

(Voir page 465.)

ZÉDOAIRE

Kæmpferia rotunda et *longa* (Linné)

(AMOMÉES.)

La plante entière, en fleurs, et munie de jeunes pousses, aux ²/₅ de grandeur naturelle.

1. — Tubercules de la Zédoaire officinale ou Zédoaire ronde (*K. rotunda*), moitié de grandeur naturelle.

2. — Tubercules de la Zédoaire longue (*K. longa*), moitié de grandeur naturelle.

(Voir page 478.)

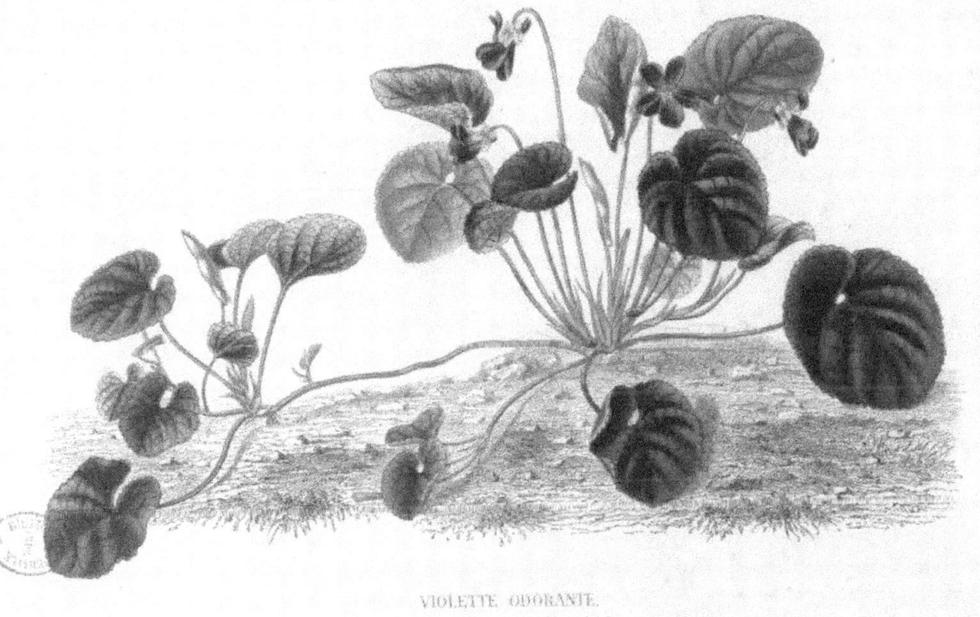

VIOLETTE ODORANTE.
Viola odorata. L.

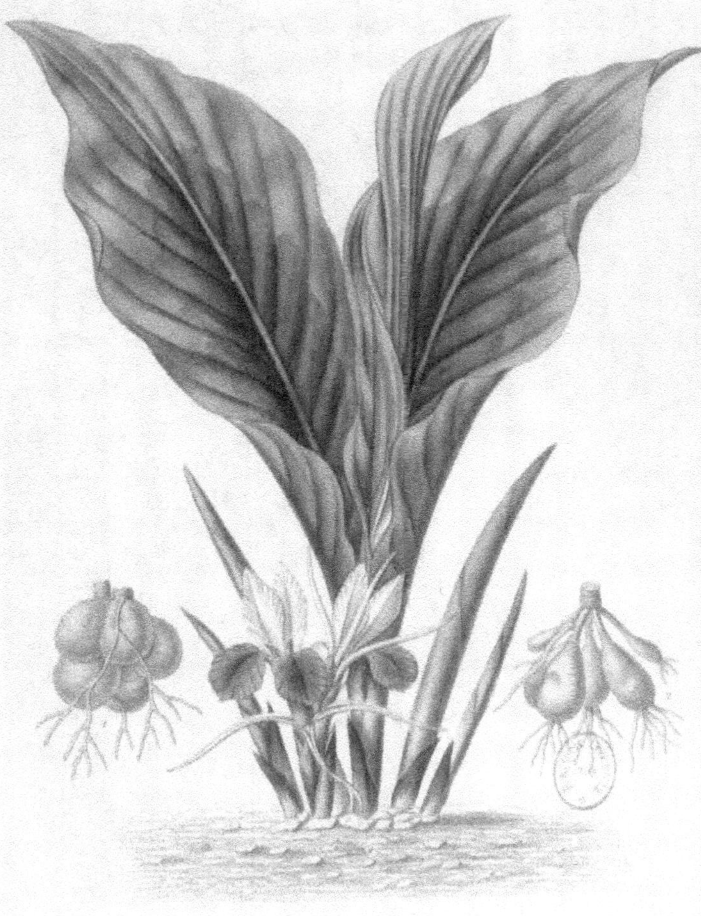

ZÉDOAIRE.

Kæmpferia rotunda.

TABLE

DES PLANCHES ET FIGURES CONTENUES DANS L'ATLAS TROISIÈME

DE LA FLORE MÉDICALE

TABLE DES PLANCHES ET FIGURES DE L'ATLAS TROISIÈME.

Paris. — Imprimerie de P.-A. Bourdier et Cie, 6, rue des Poitevins.